GENDER BALANCE

Über die Zusammenhänge
zwischen Gleichberechtigung,
Wohlstand und Frieden

Peter Jedlicka

Copyright 2011 by Peter Jedlicka*) – www.jecon.org

Published 2011 by LULU.com

ISBN Nr. 978-1-4476-7259-3

BILDER: DIGITALVISI0N CD

Peter Jedlicka ist Soziologe aus Wien. Er war langjährig in der internationalen Personalberatung tätig und hat den Verein WHITE RIBBON Österreich mitgegründet. Von ihm sind bisher erschienen. "Männercoaching", "Mission Boys4peace" und "Was jeder Mann gegen Gewalt und für eine friedliche Welt tun kann".

*) Das Copyright liegt nicht beim Verlag, sondern beim Autor, d.h. das Buch kann nach Rücksprache mit ihm auch von anderen Verlagen / Institutionen neu herausgegeben oder übersetzt werden.

EINE BITTE an die Leserinnen und Leser:

Als Autor habe ich ein Interesse daran, **dass dieses Buch in möglichst vielen Bibliotheken steht** – denn dann bekomme ich eventuell Lizenzgebühren von Verwertungsgesellschaften.

Wenn Sie eine Möglichkeit sehen, dieses Buch – auch nur als Computerausdruck (geheftet oder etwa mit Spiralbindung) - **einer Bibliothek zu übergeben**, die es in ihren Katalog übernimmt, so leisten Sie auch damit einen Beitrag für meine weitere Publikationstätigkeit – vielen Dank!

Eine Anmerkung zu geschlechtsneutralen Formulierungen: Ich habe versucht, in dieser Publikation für alle Personengruppen eine geschlechtsneutrale bzw. -balancierte Ausdrucksweise zu finden – dennoch ist dieses Ansinnen nicht durchgängig gelungen. Ich ersuche, dies zu entschuldigen – es sind jedenfalls (wenn nicht aus dem Inhalt erkenntlich) immer Frauen und Männer gemeint.

Executive Summary

„Gender Balance. About the connection between gender equality, prosperity and peace." by Peter Jedlicka

The author, sociologist in Vienna / Austria compares international statistics on gender, economy, social equality, peace and happiness to explain why gender equality is not a "women´s issue" any more, but a key aspect of modern societies.

Naming also recent publications on management, economic growth, happiness research and social peace he defines six factors of modern societies and explains, why gender balance shows the effectiveness of all of these factors.

Peter Jedlicka is looking for funding and/or cooperation to continue his studies on gender equality, gender training and gender consulting, especially in the German speaking countries. His contact website is: www.jecon.org .

„Gleichberechtigung ist
kein Frauenthema.
Gleichberechtigung ist
die Schlüsselkategorie für
die Glaubhaftigkeit jeder Politik,
die behauptet, dem Wohlstand und
der Lebensqualität der Bevölkerung
verpflichtet zu sein."

P.J.

INHALT

Vorwort

Ich schreibe dieses Buch vor allem für Männer.

Ich habe zahlreiche Diskussionen mit Männern erlebt, in denen immer wieder die Meinung vertreten wurde, Gleichberechtigung sei ein „Frauenthema". Mich hat das immer wieder verwundert, denn ich habe seit meiner Zeit als junger Vater, der sich aktiv um seine Kinder kümmern wollte, oft von Maßnahmen der so genannten „Frauenpolitik" profitiert:

Männer profitieren mit. Ich konnte in Institutionen, die bereits ein Frauenförderungsprogramm umsetzten, die Vorteile flexibler Arbeitszeiten genießen – und damit früher heimgehen, wenn es die Kinderbetreuung erforderte. Ich hatte damals meist weibliche Vorgesetzte, die vollstes Verständnis für Pflegeurlaube und diverse andere Termine mit den Kindern hatten.

Kinderfeindliche Städte. Und als ich immer wieder mit dem Kinderwagen durch jenen Innenstadtbezirk in Wien fuhr, in dem wir damals wohnten, erhärtete sich mein Verdacht, dass diese hindernisreichen Straßen und Gehsteige von Frauen bzw. von einem gemischtgeschlechtlichen Planungsteam wahrscheinlich anders geplant worden wären – denn dann hätte es wohl auch einige Spielplätze und Parks mehr in dieser Gegend gegeben.

Mittlerweile sind meine Kinder erwachsen, doch mein „gender-sensibler" Blickwinkel auf meine Umgebung ist gleich geblieben.

(und ich profitiere noch immer von einer „gendersensiblen"
Unternehmenspolitik: ich konnte meine Arbeitszeit vor einiger Zeit
problemlos auf eine Teilzeitstelle reduzieren – etwas, das in vielen
anderen Firmen, die keine Gender-Konzepte umsetzen nicht
möglich ist).

Länder mit hoher Gleichberechtigung. Mein Blick wurde noch
weiter geschärft in den Jahren, in denen ich durch meine Tätigkeit
in der internationalen Personalberatung viel reisen konnte: Durch
Gespräche mit Personalverantwortlichen in fast allen Ländern der
Europäischen Union wurde schnell klar, dass die skandinavischen
Länder eine Vorreiterrolle bei den Maßnahmen zur
Gleichberechtigung zwischen Frauen und Männern einnehmen
(was ja unter politisch Interessierten kein Geheimnis ist).

Gleichzeitig sind diese Länder auch wirtschaftlich top: man
kann in ihnen tatsächlich am besten verdienen (ich werde in einem
der nächsten Kapitel die jeweiligen Rankings auflisten) – sie sind
also für Jobsuchende aus der ganzen Welt höchst attraktiv.

Mit der Zeit beobachtete ich auch andere internationale Statistiken,
die die soziale und wirtschaftliche Lage in diesen unterschiedlichen
Ländern beschreiben, und eines wurde immer deutlicher:

Lebensqualität. Die skandinavischen Länder sind nicht nur bei
der Gleichberechtigung und beim Einkommen ganz oben gereiht,
sie haben auch in vielen anderen Statistiken (zur Lebensqualität, zur
Demokratie, zur Sicherheit) die besten Werte.

In diesen Ländern läuft also einiges besser als in anderen Ländern:
Sie stehen in den meisten Statistiken so gut da, dass offensichtlich
ist: diese Länder werden einfach besser gemanagt als andere.

Genau das ist das Thema dieses Buches: Zu beweisen, dass die
positiven Werte in den Statistiken zur Gleichberechtigung von
Frauen und Männern einen Zusammenhang mit anderen Faktoren
einer erfolgreicheren Politik in einem Land haben – was in dem
betreffenden Land zu höherem Wohlstand, zu höherer
Lebensqualität und zu höherer Sicherheit führt.

Anders formuliert: Gleichberechtigung ist kein Frauenthema. Gleichberechtigung ist eine Schlüsselkategorie für moderne Gesellschaften: wo sie funktioniert, funktioniert auch alles andere besser als in Ländern mit einer geringen „Gender Balance".

Unternehmensberatung, Glücksforschung, Diversity. Ich erörtere in diesem Buch jedoch nicht nur internationale Statistiken, sondern auch Ergebnisse aus der gender-fokussierten Unternehmensberatung und der Glücksforschung, die seit den Publikationen von Richard Layard und Bruno S. Frey nicht mehr nur in der Psychologie, sondern auch in den Wirtschaftswissenschaften ein Schwerpunktthema geworden ist. Außerdem streife ich das Thema Diversity.

Am Ende dieses Buches versuche ich, jene Faktoren aufzuzählen, die moderne Gesellschaften auszeichnen – und zu beweisen, dass die Umsetzung jeder dieser Faktoren anhand der Gleichberechtigung überprüft werden kann.

Wien, im April 2011   *Peter Jedlicka*

PS: Da dieses Buch nebenberuflich geschrieben wurde, hatte ich nicht ausreichend Zeit, es in der Ausführlichkeit und der wissenschaftlichen Genauigkeit zu schreiben, wie es das Thema wohl verlangen würde. Es ist daher nur eine Einführung in die Zusammenhänge unterschiedlicher Politik-Faktoren geworden. Ebenfalls aus Zeitmangel habe ich nicht lange nach einem Verlag gesucht, sondern es zunächst bei einem Self-Publishing Verlag herausgebracht.

Ich würde zu dem Thema jedoch gerne in Zukunft mehr und ausführlicher forschen und lehren – und möchte diese Publikation daher gerne als Bewerbung für Tätigkeiten in der Gender-Forschung, im Gender-Training und in der gender-fokussierten Unternehmensberatung verstanden wissen.

Interessierte Institutionen und Organisationen können mich dazu über www.jecon.org kontaktieren.

Warum die Zeit gerade jetzt reif für dieses Buch ist

Es ist kein Zufall, dass ich dieses Buch gerade jetzt, Anfang 2011 schreibe. In den letzten Jahren gab es eine Reihe von Publikationen, die meiner Ansicht nach wichtige Zusammenhänge zwischen unterschiedlichen Politikfeldern aufzeigten. Diese will ich hier aufzählen.

Und – vielleicht am Wichtigsten – immer mehr Organisationen und Forschungsinstitute stellen ihre internationalen Statistiken frei verfügbar ins Internet:: eine Chance auch für NichtwissenschafterInnen, diese abzurufen und zueinander in Beziehung zu setzen.

1. Internationale Gender Statistiken

Einige internationale Organisationen – allen voran die UNO – erstellen in regelmäßigen Abständen Statistiken über den Stand der Chancengleichheit von Frauen und Männern in einzelnen Ländern. In diesem Buch werde ich z.B. auf den Index „Gender Empowerment Measure" eingehen, ebenso auf den „Gender Pay Gap".

Aber auch viele weitere Statistiken sind für dieses Buch interessant: Indizes, die den Wohlstand und die Lebensqualität in einzelnen Ländern erheben und auflisten. Hier geht es mir darum, nicht nur den „Reichtum" (abgebildet z.B. im Pro-Kopf-Einkommen) einzelner Länder als Maßstab zu nehmen, sondern auch Fragen des Gesundheits- und Bildungssystems, der Sicherheit und der subjektiv empfundenen Zufriedenheit in der Bevölkerung.

2. Die internationale vergleichende Glücksforschung

Erstaunlicherweise wurden in den letzten Jahren auch einige „Glücks-Statistiken" erfunden bzw. eingeführt: Durch international standardisierte Fragebögen wird nun laufend erhoben, wie wohl sich denn die Menschen in den Ländern dieser Welt fühlen. Parallel dazu werden auch andere statistische Daten zusammengefasst und als „glücksfördernd" interpretiert. Der „Happy Planet Index" ist nur einer davon. Ich möchte aber nicht verhehlen, dass es zu fast jedem dieser Indizes auch kritische Sichtweisen gibt.

Wichtiger Impulsgeber für diese Statistiken waren möglicherweise auch die Texte des Ökonomen Richard Layard, der in seinem Buch „Die glückliche Gesellschaft" Zusammenhänge zwischen subjektiver Zufriedenheit und der Wirtschaftspolitik herstellte. Damit ist er im boomenden Segment der „Glücks-Literatur" einer der wenigen, die sich nicht nur mit Individualpsychologie befassen, sondern auch mit Wirtschaftsdaten.

Hier sollen natürlich nicht die Leistungen des wahrscheinlich wichtigsten Glücksforschers Mihaly Csikzentmihalyi (Erfinder des „Flow") unerwähnt bleiben – auch auf seine Erkenntnisse werde ich eingehen.

3. Die von der schwedischen Regierung organisierte Arbeitstagung zum Thema Gleichberechtigung und Wirtschaftswachstum

Ein wichtiger Impuls für meine Arbeit war auch die Tatsache, dass die schwedische Regierung im Herbst 2009 eine internationale Tagung zum Thema „Gender Equality and Economic Growth"

(Gleichberechtigung und Wirtschaftswachstum) durchführte. Schweden nützte damit das halbe Jahr seiner Ratspräsidentschaft (der Europäischen Union), um die Aufmerksamkeit aller Mitgliedsstaaten der EU auf die Zusammenhänge zwischen Gender-Politik und ökonomischem Erfolg zu richten.

Ich werde in meinem Buch vor allem auf den Forschungsbericht von Asa Loefstrom verweisen, der den Hauptbeitrag zu dieser Tagung darstellte.

4. Die Publikationen „Why women mean business" und „How women mean business"

Das, was auf der erwähnten schwedischen Tagung mit internationalen Statistiken herausgearbeitet wurde, dürfte auch für einzelne Betriebe gelten: Ein höherer Frauenanteil im Management führt mit großer Wahrscheinlichkeit zu besserer Performance. Warum das so ist, hat die Unternehmensberaterinnen Avivah Wittenberg Cox (erstes Buch gemeinsam mit Alison Maitland) in ihren Büchern „Why women mean business" und „How women mean business" auf einleuchtenden Art und Weise beschrieben.

Nicht zuletzt ist den Autorinnen dieser Bücher dafür zu danken, dass sie den Begriff „Gender Balance" etablieren: denn Gender Balance wird in einigen Bereichen auch Benachteiligungen von Männern ausheben: etwa bei Berufen, in denen Männer derzeit unterrepräsentiert sind, oder bei Väterkarenz-Bestimmungen, die jenen von Müttern noch nicht gleichgestellt sind.

5. Publikationen zur sozialen Ungleichheit

Ebenso erst erst vor kurzem das Buch „Gleichheit ist Glück" von Richard Wilkinson und Kate Pickett erschienen: hier wird deutlich gemacht, dass große soziale Unterschiede auch in einem „reichen" Land (wie z.B. den USA) zu einem Bündel von Problemen in der Bevölkerung führen kann. Damit erhält auch die Gender-Politik eine wichtige Botschaft: Ungleiche Chancen für Frauen (und

Männer) bergen ein generelles Konfliktpotential für eine Gesellschaft in sich.

6. Das steigende Einsatz von Diversity Management

Immer mehr Unternehmen – und öffentliche Institutionen – in den höher entwickelten Staaten befassen sich mit „Diversity Management" (dem „Managen der Vielfalt"): Sie haben erkannt, dass Mitarbeiterinnen und Mitarbeiter unterschiedlicher Herkunft, unterschiedlichen Alters, unterschiedlicher Kultur etc. nicht nur die Kommunikation mit unterschiedlichen KundInnengruppen (die auch einen derart vielfältigen Hintergrund haben) verbessern, sondern auch neue Ideen zur besseren Vermarktung der eigenen Produkte und Dienstleistungen unter diesen unterschiedlichen Zielgruppen liefern.

Das Sicherstellen von Sichtweisen beiderlei Geschlechts ist Teil jeder gelungenen Diversity Strategie.

7. Neue kulturhistorische Forschung zur Gleichberechtigung

Ermutigend war zuletzt auch das Buch „Rising Tide" von Ron Inglehart und Pippa Norris, in dem die historische Entwicklung von Ländern beobachtet wird: Hier wird deutlich, dass der Trend von agrarischen zu industriellen und postindustriellen Gesellschaften meist auch mit einem Wandel der Einstellung zum Geschlechterverhältnis einher geht:

Ein weiteres Indiz dafür, dass „Fortschritt" etwas mit einer positiven Einstellung zum Thema Chancengleichheit von Männern und Frauen zu tun hat. Leider blieb mir diesmal nicht genügend Zeit, mich diesem Buch ausführlicher zu widmen, es empfehle es jedoch unbedingt als ermutigende Lektüre.

>> **Aus einer Zusammenschau internationaler Statistiken wird deutlich: Gleichberechtigung hat offensichtlich sehr viel mit dem Wohlstand eines Landes und der Zufriedenheit seiner Bevölkerung zu tun.**

Ich möchte damit beginnen, Ihnen einiges statistisches Zahlenmaterial zu liefern und erst danach erklären, welche Zusammenhänge dabei auftreten und wie diese zu interpretieren sind.

Die reichsten Länder der Welt sind jene mit der höchsten Gleichberechtigung

Ich möchte Ihnen gleich am Beginn meiner Auflistung von internationalen Statistiken jenen Zusammenhang vor Augen führen, den ich für den wichtigsten halte:

Jene Länder, die es durch eine zielgerichtete Geschlechterpolitik geschafft haben, ein hohes Ausmaß an Gleichberechtigung zwischen Frauen und Männern zu erreichen, sind auch die wirtschaftlich erfolgreichsten.

DIE „TOP GENDER BALANCED" STAATEN

Ich werde diese Länder im weiteren Verlauf meines Buches als die „Top Gender Balanced" Staaten bezeichnen und sie in den weiteren Statistiken jeweils durch Großbuchstaben hervorheben.

Ich verwende zum Herausfiltern dieser Länder folgende Gender Indizes: Das Gender Empowerment Measure (GEM 2009) des UNDP (Entwicklungsprogrammes der Vereinten Nationen), den Gender Development Index (GDI 2009), ebenfalls vom UNDP, und den Global Gender Gap Index 2010 (GGI 2010) vom World Economic Forum.

Die jeweils aktuellen Werte der kommenden Jahre können Sie abrufen unter:

www.undp.org (GEM, GDI)
www.weforum.org (GDI)

Und hier also die höchstbewerteten Staaten und ihre derzeitige Rangreihung (1 = erster Platz, also: am besten bewertet). Ich habe nur jene Länder gelistet, die in den Top 20 aller drei Indizes gelistet sind.

INDEX	GGI 2010	GEM 2009	GDI 2009
Schweden	4	1	5
Norwegen	2	2	2
Island	1	8	3
Finnland	3	3	8
Dänemark	7	4	12
Niederlande	17	5	7
Belgien	14	6	11
Deutschland	13	9	20
Neuseeland	5	10	18
Spanien	11	11	9
Kanada	20	12	4
Schweiz	10	13	13
Vereinigtes Königreich	15	15	17
USA	19	18	19

Auch Australien, Irland, Frankreich und Österreich sind immer wieder sehr gut bewertet, finden sich jedoch nicht in allen drei Indizes – ich nenne sie daher „High Gender Balanced" Staaten.

Wichtig ist hier auch: Die gelisteten Länder befinden sich im Spitzenfeld von insgesamt meist rund 150 untersuchten Ländern. Alle der folgenden Statistiken gewinnen an Bedeutung, wenn man sich vor Augen führt, dass man hier jeweils nur die Top-Länder einer sehr langen Liste sieht.

DIE REICHSTEN LÄNDER DER WELT

Der Wohlstand in einem Land wird meist mit dem Pro Kopf Einkommen bewertet. Aber auch hier gibt es verschiedene Quellen: Den internationalen Währungsfonds und die Weltbank zum Beispiel.

Wenn wir hier einmal jene Länder beiseite lassen, die aufgrund ihrer Rohstoffe (Öl: Quatar, Vereinigte Arabische Emirate) oder deshalb, weil sie eine Steuer-Oase sind (Monaco) zu Reichtum gekommen sind, so finden sich in den Top 20 folgende Länder – die Top Gender Balance Staaten darunter sind – wie vorher angekündigt - in Großbuchstaben angeführt:

INDEX	WF 2010	Weltbank 2009
Luxemburg	1	3
NORWEGEN	2	4
SCHWEIZ	4	5
DÄNEMARK	5	6
Australien	6	15
SCHWEDEN	7	13
USA	9	10
NIEDERLANDE	10	9
KANADA	11	20
Irland	12	7
Österreich	13	11
FINNLAND	14	12
BELGIEN	16	14
Japan	17	19
Frankreich	18	17
DEUTSCHLAND	19	18
ISLAND	20	21

Dass Island hier so weit nach unten gerutscht ist, ist wohl auch der isländischen Wirtschafts- und Finanzkrise 2009-2010 zuzuschreiben.

Insgesamt wird jedoch klar: unter den reichsten Ländern der Welt sind elf Top Gender Balanced Länder, und vier High Gender

Balanced Staaten – und, wohlgemerkt: das ist das Spitzenfeld von rund 150 Ländern!

Die aktuellen Werte der kommenden Jahre werden können Sie jeweils abrufen auf: www.imf.org (WF) und www.worldbank.org (Weltbank)

>> Die reichsten Länder der Welt sind offensichtlich jene mit der höchsten Gleichberechtigung.

Gleichberechtigung und Wirtschaftswachstum

Was kann aus dem Zusammenhang zwischen internationalen Wirtschaftsdaten und internationalen Daten über das Ausmaß der Gleichberechtigung geschlossen werden?

Die grundlegenden Fragen sind hier: Was ist die Ursache und was ist die Wirkung? Oder: gibt es Faktoren, die beide Statistiken beeinflussen – und welche sind das?

Zu diesem Thema hat die schwedische Regierung im Herbst 2009 eine eigene Arbeitstagung mit dem Titel „Gender Equality and Economic Growth" (Gleichberechtigung und Wirtschaftswachstum) einberufen. Es gehört ja zu den Regeln der Europäischen Union, dass alle halben Jahre ein neues Mitgliedsland den Vorsitz der EU übernimmt – und von Juli bis Dezember 2009 war das Schweden, das bekanntlich sehr lange schon eine sehr fortschrittliche Gleichstellungspolitik forciert.

Alle Tagungsreports sind zu finden auf www.se2009.eu , das zentrale Referat war jedoch sicherlich jenes von Asa Loefstrom – ebenfalls mit dem Titel „Gender Equality and Economic Growth".

Ich möchte nicht verhehlen, dass ich dem Begriff Wirtschaftswachstum kritisch gegenüber stehe. Es mehren sich

Publikationen, in denen das Konzept des Wachstums hinterfragt wird und in denen alternative Wirtschaftskonzepte vorgestellt werden: Kurz gesagt geht es darum, dass „nicht alles immer weiter wachsen kann", ohne natürliche Ressourcen zu zerstören oder ohne den Reichtum in der westlichen Welt auf Kosten der Armut in anderen Ländern zu reproduzieren.

In Österreich zeigten zuletzt Christian Felber mit dem Buch "Gemeinwohlökonomie" und Hörmann/Pregetter mit dem Buch „Das Ende des Geldes" alternative Wirtschaftskonzepte auf.

Doch zurück zur schwedischen Tagung: In der Europäischen Union geht es nicht nur um reales Wachstum, es geht auch um eine Steigerung der Beschäftigung: Möglichst viele Menschen sollen am Arbeitsprozess teilhaben – die Arbeitslosigkeit soll bekämpft werden.

Dazu findet sich in der Studie von Löfström etwa folgende Grafik, die den Zusammenhang zwischen der Gleichberechtigung (gemessen mit dem „Gender Development Index") und dem Pro Kopf Einkommen in den europäischen Ländern darstellt:

FIGURE 1: Gender Development Index and GDP per capita (euro) in EU member states 2007. (Excl. Luxembourg)

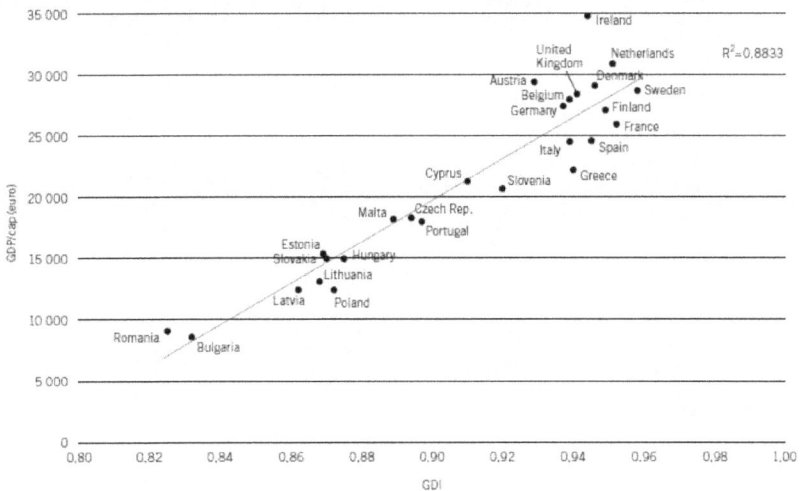

In dieser Studie wird nicht verhehlt, dass keine eindeutigen Ursache-Wirkung Zusammenhänge zwischen den beiden Faktoren bewiesen werden können, es wird jedoch ausgerechnet, dass einzelne Länder bis zu 45 Prozent ihres Pro-Kopf-Einkommens steigern könnten, wenn Barrieren für Frauen für den Zugang zum Arbeitsmarkt abgebaut werden.

Im speziellen wird in dieser Studie dargestellt, wie die Einstellung der Bevölkerung zur Erwerbstätigkeit von Müttern von Land zu Land differiert – und diese wiederum dazu führt, das in manchen Ländern nur sehr wenige Kinderbetreuungsangebote verfügbar sind. Das führt dazu, dass das Potential, das natürlich auch Frauen mit Kindern zur Wirtschaftskraft beitragen könnten, ungenützt bleibt.

>> Es erscheint erwiesen, dass jene Länder, die Frauen eine stärkere Teilhabe an ihrem Arbeitsmarkt ermöglichen, auch ein höheres Bruttoinlandsprodukt erreichen.

Warum Gender Balance den Umsatz steigert

Die betriebswirtschaftliche Sicht. Nachdem es im vorigen Kapitel um eine „makroökonomische" Sicht auf die Zusammenhänge zwischen Gleichberechtigung und Wirtschaftswachstum ging – also um ganze Nationen, möchte ich hier auf eine betriebswirtschaftliche Ebene kommen, zu der Frage, ob eine einzelne Firma durch einen erhöhten Frauenanteil mehr Gewinne machen kann.

Zwei wichtige Bücher. Und hier lieferte in den letzten Jahren eine internationale Unternehmensberaterin sehr schlüssige Erklärungen: Avivah Wittenberg-Cox von 20-FIRST (www.20-first.com): Sie schrieb die zwei wichtigen Bücher „Why women mean business" (Man könnte den Titel mit „Warum Frauen gut fürs Geschäft sind" übersetzen) gemeinsam mit Alisun Maitland und „How women mean business". Ich finde diese Bücher so gut, dass ich sie gerne übersetzen würde – meine ersten Versuche, einen interessierten deutschen oder österreichischen Verlag zu finden sind bisher jedoch nicht erfolgreich gewesen.

Beide Publikationen haben auch eigene Webseiten, auf denen Leseproben und Statements von internationalen Topmanagern zu finden sind (und ich habe auch auf Youtube Videos mit Interviews mit Wittenberg-Cox gefunden, sowie einen MP3 Podcast auf einer anderen Webseite):

www.whywomenmeanbusiness.com
www.howwomenmeanbusiness.com

Die Autorinnen gehen in ihren Büchern davon aus, dass erstens

- mittlerweile 60% der Uni-AbsolventInnen Frauen sind – hier also ein Talentepool entstanden ist, den man nicht ignorieren kann, dass zweitens
- Frauen in Haushalten oft rund 80% der Kaufentscheidungen treffen und dass drittens
- gemischtgeschlechtliche Teams besser arbeiten als reine Männer- oder Frauenteams.

Frauen sind gut fürs Geschäft. Der Ansatz dieser Autorinnen ist also nicht, „Frauenförderung" deshalb zu betreiben, weil es Regierungen oder Gender-Programme vorgeben (oder weil Männer „die armen Frauen" unterstützen sollten), sondern weil Frauen „gut fürs Geschäft sind":

Denn wer könnte die Zielgruppe Frauen (als Kaufentscheiderinnen) wohl besser ansprechen als Frauen selbst. Und am besten können sie dies, wenn sie sowohl in die Produktentwicklung als auch ins Marketing und in den Vertrieb eingebunden sind.

Erhärtet wird dieses Argument auch durch Studien großer Consultingfirmen: etwa „Women matter" von McKinsey (http://www.mckinsey.com/locations/paris/home/womenmatter/pdfs/Women matter oct2007 english.pdf), aus der z.B. die folgende Grafik stammt (S.14), die die Performance von Betrieben mit einer höheren Geschlechtervielfalt mit dem jeweiligen Durchschnittswert der Industrie vergleicht:

(Der Untertitel dieses Berichtes heißt übrigens „Gender Diversity, a corporate performance driver" – auf Deutsch: Geschlechtervielfalt, ein Motor betrieblicher Performance.)

Exhibit 9

Companies with a higher proportion of women in their top management have better financial performance

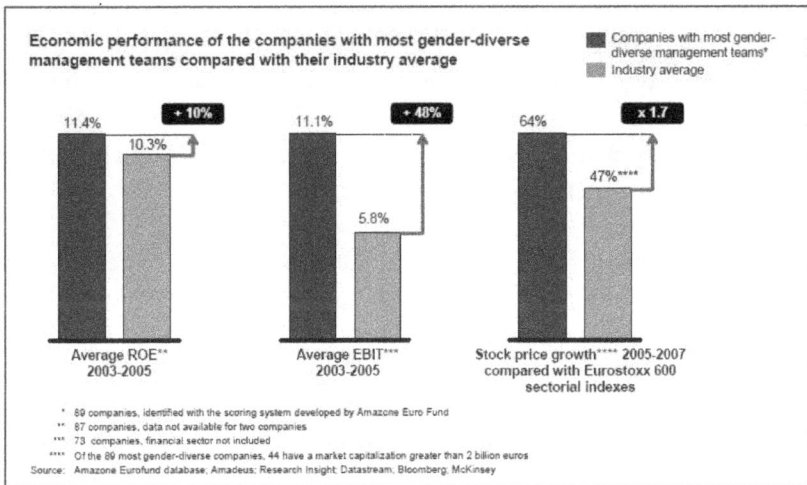

Economic performance of the companies with most gender-diverse management teams compared with their industry average

■ Companies with most gender-diverse management teams*
▨ Industry average

11.4%	11.1%	64%
+10%	+48%	x1.7
10.3%		
		47%****
	5.8%	
Average ROE** 2003-2005	Average EBIT*** 2003-2005	Stock price growth**** 2005-2007 compared with Eurostoxx 600 sectorial indexes

* 89 companies, identified with the scoring system developed by Amazone Euro Fund
** 87 companies, data not available for two companies
*** 73 companies, financial sector not included
**** Of the 89 most gender-diverse companies, 44 have a market capitalization greater than 2 billion euros
Source: Amazone Eurofund database; Amadeus; Research Insight; Datastream; Bloomberg; McKinsey

Quelle: McKinsey, „Women Matter", 2007

Männliche Manager müssen lernen. Wittenberg-Cox richtet, wie bereits erwähnt, ihre Aufmerksamkeit als Unternehmensberaterin nicht mehr auf „die armen Frauen" – sie wendet sich an männliche Führungskräfte, um ihnen diese Zusammenhänge klarer zu machen. Denn ein „Verschlafen" des Potentials von Frauen als Mitarbeiterinnen und Käuferinnen kann eine Firma im internationalen Wettbewerb zurückwerfen.

„Gender Balance Quote" statt Frauenquote. „Irgendwann wird die Quote die Männer beschützen" sagte sie auch einmal in einem Interview mit einer österreichischen Tageszeitung. Denn der Begriff „Gender Balance" heißt nicht mehr alleine „Frauenförderung": Wittenberg-Cox fordert, dass jedes Geschlecht zu mindestens 30% in Führungsteams vertreten sein soll. Hier wird also nicht mehr der Begriff Frauenquote, sondern der Begriff „Gender Balance Quote" verwendet.

Männerförderung. Genauso geht es darum, Berufsbereiche, in denen bisher zu wenige Männer zu finden waren, für Männer attraktiver zu machen. Im Sozial- und Pflegebereich gibt es bereits Kampagnen, die junge Männer zu Ausbildungen in diesen Berufen motivieren soll – oft wird dazu noch eine Anhebung der Gehälter notwendig sein: denn was einer Gesellschaft wichtig ist, muss auch gut bezahlt werden.

Noch etwas zur Frauenquote. Da gerade zum Zeitpunkt, als ich an diesem Buch schreibe, sowohl in Deutschland als auch in Österreich eine mitunter recht scharf geführte Diskussion um die Frauenquote in Aufsichtsräten geführt wird, möchte ich hier noch einen Satz dazu sagen:

Quotenmänner. Ein häufiges Gegenargument gegen die Frauenquote ist die Vermutung, dass „Quotenfrauen" nicht wegen ihrer Qualifikation, sondern nur wegen der Quote in Führungspositionen gelangen. Das könnte meiner Ansicht nach im einen oder anderen Fall durchaus passieren. Aber, liebe Leser: ist es denn so, dass derzeit alle männlichen Top Manager aufgrund ihrer Qualifikation in ihren Chefsesseln sitzen? Oder ist es nicht vielmehr so, dass durch eine Verquickung von Politik und Wirtschaft recht oft „Quotenmänner" einer bestimmten Partei oder Interessensvertretung in diversen Vorstandssesseln sitzen? Da wären doch ein paar Quotenfrauen durchaus akzeptabel, denke ich.

Gender-Controlling. Und noch eine andere Sichtweise möchte ich vor allem den männlichen Wirtschaftsleuten zum Thema Frauenquote anbieten: Jedes moderne Unternehmen setzt sich Ziele, die im Rahmen des Controllings mit Zielwerten versehen werden, um sie nach einer gewissen Zeit überprüfe zu können. Eine Frauenquote ist genauso ein Controllingwert.

>> Eine höhere Geschlechterbalance in Betrieben steigert den Umsatz, indem durch neue Sichtweisen die Entwicklung besserer Produkte und eine bessere Zusammenarbeit in den Teams erreicht wird.

Gleichberechtigung, soziale Stabilität und Lebensqualität

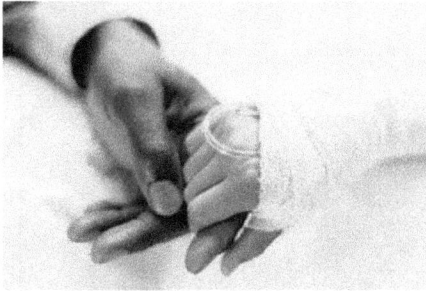

Der britische Sozialforscher Richard Wilkinson beobachtete in Laufe seine internationalen Forschungstätigkeit folgendes: Auch recht reiche Länder wie die USA haben oft mit einer Menge sozialer Probleme zu kämpfen: mit Kriminalität, Drogenmissbrauch, Selbstmorden und frühen Schwangerschaften.

Hier stimmte also die Relation: Reiches Land = weniger Probleme offensichtlich nicht.

Wilkinson machte sich auf die Suche nach den Ursachen dieses Phänomens und wurde fündig in der sozialen Ungleichheit innerhalb der einzelnen Länder. Verkürzt dargestellt könnte man sagen: Je höher die Schere zwischen arm und reich in einem Land, desto höher das Konfliktpotential.

Spontan fallen einem sicher die hohen Kriminalitätszahlen aus den USA ein – das gleichzeitig bei uns als das Land der Superreichen bekannt ist.

Wilkinson hat zu seinen Forschungen eine eigene Webseite eingerichtet, auf der er die jeweils aktuellsten Statistiken präsentiert:

www.equalitytrust.org.uk

Eine davon möchte ich hier abbilden: den Zusammenhang zwischen Drogenmissbrauch und Einkommensungleichheit in verschiedenen Ländern:

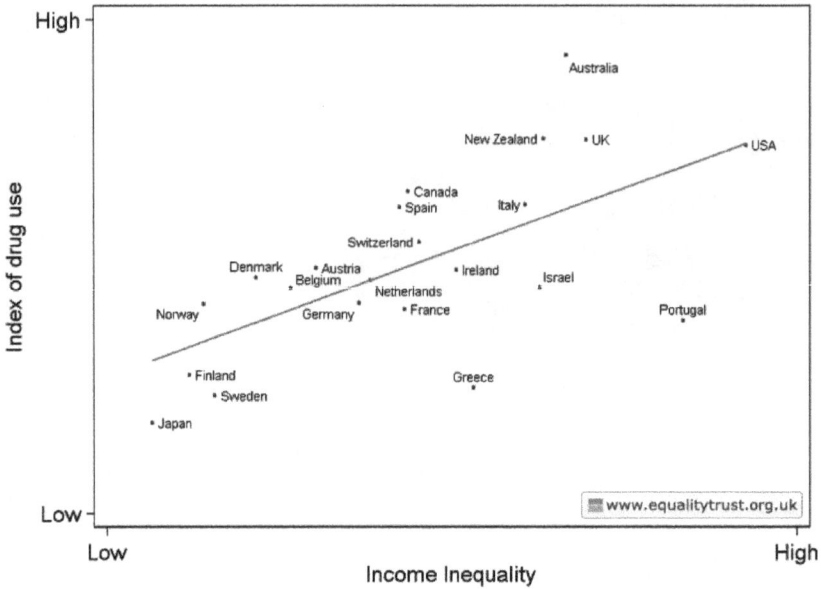

Hier wird also deutlich, dass dieses soziale Problem tendenziell steigt, wenn es höhere Einkommensunterschiede gibt – und durchaus auch in reicheren Ländern auftritt.

Ich gebe schon zu, dass auf dieser Statistik nicht alle „Top Gender Balanced" Staaten links unten zu finden sind - das Ziel dieser Statistik ist es jedoch nicht, gesellschaftliche Faktoren mit einer Gender Statistik zu vergleichen, sondern die generelle Aussage „Ungleichheit ist nicht gut für eine Gesellschaft" zu belegen. Eine Drogenproblematik hat oft auch landesspezifische Gründe.

>> Nicht in den ärmeren Ländern, sondern in den Ländern mit der größeren sozialen Ungleichheit steigt die Gefahr für soziale Probleme. Mangelnde Gleichberechtigung ist ein Faktor sozialer Ungleichheit.

Ich möchte hier noch ein paar „plastische" Beispiele für Lebensqualität aufzählen:

STÄDTE MIT HOHER LEBENSQUALITÄT

Wenn es um soziale Stabilität geht, ist vielleicht auch ein Blick auf die Städte mit der höchsten Lebensqualität hilfreich.

Jedes Jahr werden dazu die attraktivsten Städte gekürt. Einige Faktoren, die zu dieser Reihung führen, sind natürlich nicht politisch beeinflusst – wie etwa das Klima oder die naturbelassenen Naherholungsgebiete, aber man muss schon zugeben: auch hier finden sich viele der Top Gender Balanced Staaten wieder:

Ich bezieh mich hier auf die „Worlds most livable cities" (http://en.wikipedia.org/wiki/World%27s_most_livable_cities   ) die von zwei verschiedenen Stellen nominiert werden: dem Mercer´s Quality of Living Survey und dem Lifestyle Magazin MONOCLE) und nenne jenes Ranking, das 2011 verfügbar war:

> Österreich (Wien)
> SCHWEIZ (Zürich, Genf, Bern)
> NEUSEELAND (Auckland)
> KANADA (Vancouver, Toronto, Calgary)
> DEUTSCHLAND (Düsseldorf, Frankfurt, München)
> Australien (Sydney, Melbourne, Perth, Adelaide)
> FINNLAND (Helsinki)

DÄNEMARK (Kopenhagen)
Japan (Tokyo)
SCHWEDEN (Stockholm)
Frankreich (Paris)
SPANIEN (Madrid)

(Keine Reihenfolge)

DER MOTHER´S INDEX

Eine andere Statistik die einen Eindruck von Lebensqualität gibt, ist der „Mother´s Index", der jährlich auf www.savethechildren.org veröffentlicht wird und erhebt, wo weltweit „die besten und die schlechtesten Orte, um eine Mutter zu sein" zu finden sind.

2010 waren hier folgende Länder im Spitzenfeld:

NORWEGEN	1
AUSTRALIEN	2
ISLAND	3
SCHWEDEN	3
DÄNEMARK	5
NEUSEELAND	6
FINNLAND	7
NIEDERLANDE	8
BELGIEN	9
DEUTSCHLAND	9

Alle davon sind auch in der Liste der „Top Gender Balanced" Staaten zu finden, die in den ersten Kapiteln definiert wurden.

Gleichberechtigung und Glück

Das „Glück" schien lange Zeit keine seriöse wissenschaftliche Kategorie zu sein. Zumindest in der Ökonomie war sie lange Zeit verpönt.

Glücksforschung. Dennoch griff natürlich die Psychologie irgendwann die Frage auf: „Was macht Menschen glücklich?" (oder zumindest „zufrieden") und „Wie kann man die Faktoren dieses Wohlbefindens erforschen?" Das war ein wichtiger Schritt in einer Disziplin, die sich lange Zeit nur Störungen und deren Heilung gewidmet hatte.

Flow. Wahrscheinlich der wichtigste Vertreter der seriösen (weil universitären) Glücksforschung ist Mihaly Csikszentmihalyi, der Entdecker des „Flow" Prinzips: Csikszentmihalyi meint damit im Wesentlichen, dass ein Glückszustand vor allem in der Aktivität eintritt – und zwar in einer konzentrierten Aktivität, die einen interessiert und in der man seine Fähigkeiten einsetzen kann:

Beruf oder Freizeit. Dieser Flow kann in einer beruflichen Tätigkeit eintreten (wenn man einen Beruf hat, der den eigenen Fähigkeiten und Interessen entspricht), aber auch in der Freizeit: jemand der ein Hobby gefunden hat, das ihn „fesselt", sei es nun ein sportliches oder ein handwerkliches, erlebt bei der Ausübung dieses Hobbys ein Hochgefühl.

Subjektiv „unglücklich" ist man hingegen lt. Csikszentmihalyi, wenn man untätig oder in einer Tätigkeit ist, die einen nicht fordert, oder den eigenen Fähigkeiten nicht entspricht.

Glücksforschung im Gender-Fokus betrachtet: Wer diese Theorien mit Bedacht auf die Geschlechterverhältnisse betrachtet, kommt zu der Frage, wie sich ein eingeschränkter Zugang von Frauen zum Arbeitsmarkt wohl auf die Zufriedenheit der weiblichen Hälfte der Bevölkerung auswirkt: Denn falls man davon ausgeht, dass Hausarbeit weniger „Flow" erzeugt (sonst würden ja auch viel mehr Männer gerne im Haushalt tätig sein) als eine qualifizierte Erwerbstätigkeit, dann riskiert ein Land, das Frauen vornehmlich eine Rolle in Familie und Kindererziehung zuweist definitiv eine große Unzufriedenheit in der Bevölkerung – mit einer Reihe von psychosozialen Problemen, die in so einer Situation auftauchen können.

Ob diese Theorie stimmen könnte, kann jeder Mann selbst überprüfen, der es ablehnt, Hausmann zu sein oder sich als Hauptberuf der Erziehung seiner Kinder zu widmen: Wer sich denkt „Das würde mich auf Dauer nicht befriedigen", hat schon selbst den Beweis geliefert.

Beziehungsprobleme. Und natürlich sind auch Ehen, Lebensgemeinschaften und Partnerschaften belastet, wenn ein Teil des Paares keiner befriedigenden Tätigkeit nachgehen kann. Dass das auch oder gerade für Männer gilt, beweisen die Eheprobleme, die entstehen, wenn ein Mann arbeitslos wird oder in Pension geht: Hier wird das Fehlen einer Aufgabe oft zu einer Lebenskrise. Hingegen werden Hausfrauen oft von den gleichen Männern mit der „Die könnte doch zufrieden sein" Brille betrachtet – eine Sichtweise, die offensichtlich für sie selbst absolut nicht stimmt.

Glücksforschung und Geld. Ein zweiter seriöser Glücksforscher ist der Ökonom Richard Layard. Während Csikszentmihalyi eher das Individuum beobachtet, vergleicht Layard in seinem Buch „Die glückliche Gesellschaft" internationale Statistiken zur Zufriedenheit der Bevölkerung und kommt – ähnlich wie Richard Wilkinson (s. vorheriges Kapitel) zu dem Schluss, dass Geld alleine nicht glücklich macht: Es steigert zwar das subjektive Wohlbefinden bis zu einem gewissen Grad, reicht aber bei weitem nicht für eine andauernde Zufriedenheit aus. Soziale Faktoren, wie etwa eine harmonische Familiensituation, Freundschaften, Sicherheit, und das Gefühl, in einem gerechten Land zu leben, sind entscheidend.

Geld macht nicht glücklich: Dass z.B. im Vereinten Königreich das subjektive Glücksgefühl innerhalb von rund dreißig Jahren nicht gestiegen ist, obwohl das Einkommen stark stieg, wird aus folgender Grafik der New Economics Foundation (NEF) deutlich:

Figure 1 **UK life satisfaction and GDP, 1973–2002**
1973 = 100

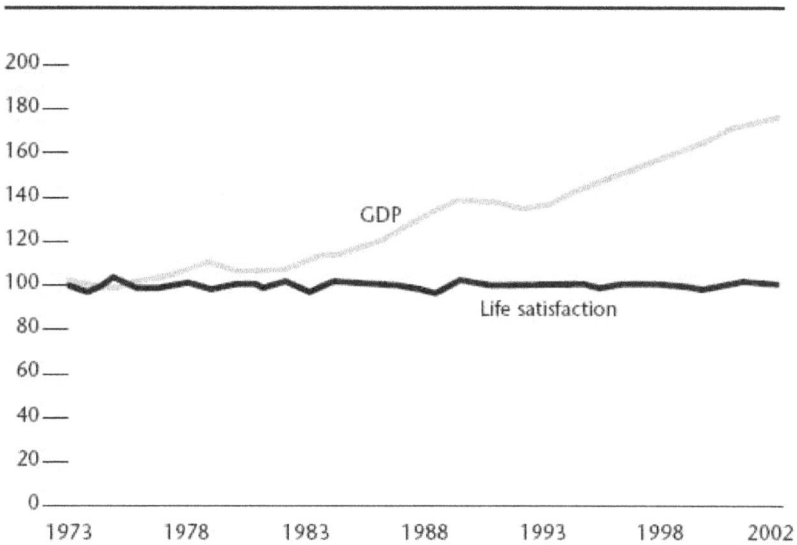

Source: NEF (2004)

Karrieremänner. Ich möchte den fehlenden Zusammenhang zwischen „Reichtum" und „Glück" vor allem „Karrieremännern" mit auf den Weg geben, die die Gleichberechtigung von Frauen möglicherweise ablehnen, weil sie die eigene Karriere durch weibliche Mitbewerberinnen bedroht sehen: Es ist erwiesen, dass Geld das Leben zwar angenehmer macht, ab einem gewissen Einkommen die subjektive Zufriedenheit *nicht* mehr steigt, wenn man dann noch mehr verdient.

>> Es ist nicht das Geld, das glücklich macht. Es sind (abgesehen von Gesundheit, Sicherheit und einem positiven sozialen Umfeld) Tätigkeiten, die als subjektiv interessant empfunden werden.

Wer der weiblichen Bevölkerung den Zugang zum Arbeitsmarkt erschwert, riskiert die Unzufriedenheit großer Teile der Bevölkerung – und belastete private Beziehungen zwischen Frauen und Männern.

(Was in diesem Kapitel zweifellos zu kurz gekommen ist, sind die weiteren Glücksfaktoren aus der Glücksforschung: Gesundheit, Sicherheit, das soziale Netzwerk, persönliche Werte (auch: Spiritualität, Religion). Ich wollte hier jedoch jene Faktoren herausnehmen, die ich für gender-relevant halte.)

Gender Balance und Frieden

Vielleicht ahnen Sie jetzt bereits, was jetzt kommt: Statistisches Material zur "Friedlichkeit" von Ländern – und Sie haben Recht.

Friedensstatistik. Auf einer Webseite namens "Vision of Humanity" (Vision der Menschlichkeit) wird unter Berücksichtigung verschiedener Faktoren ein Ranking der Friedlichkeit publiziert – der Global Peace Index.

Gleichberechtigte Länder sind friedlicher. Und nach all den Zahlen, die ich bisher geliefert habe, wird es nicht verwundern: auch unter den friedlichsten Ländern der Welt sind viele "Top Gender Balanced" Staaten, und "High Gender Balanced" Staaten:

GLOBAL PEACE INDEX (Quelle: www.visionofhumanity.org):

Die friedlichsten Länder waren im GPI 2010:

1. NEUSEELAND
2. ISLAND
3. Japan
4. Österreich
5. NORWEGEN
6. Irland
7. Luxemburg
8. DÄNEMARK

9. FINNLAND
10. SCHWEDEN
11. Slowenien
12. Tschechische Republik
13. Portugal
14. KANADA
15. Katar
16. DEUTSCHLAND
17. BELGIEN
18. SCHWEIZ
19. Australien
20. Ungarn

Welche Gender-bezogene Erklärung kann man zu diesem Zusammenhang finden?

Gewalt und falsch verstandene Männlichkeitsideale. Es gibt einen destruktiven Zusammenhang zwischen *manchen* Männlichkeitsidealen und Gewalt: Aus meiner langjährigen Tätigkeit beim Verein White Ribbon, einer Männerinitiative gegen Gewalt an Frauen (www.whiteribbon.at) weiß ich, dass zu einem überwiegenden Teil eher Männer Gewalt als Konfliktlösungsstrategie „lernen": Männergewalt beruht *nicht* auf biologischen Faktoren, sondern auf Verhaltensweisen, die sich ein Mann im Laufe seines Lebens aneignet. Oft sind diese Verhaltensweisen eingebunden in ein Männlichkeitsideal, das auch von der Leugnung der eigenen Gefühle und von einem überhöhten Ideal der Stärke geprägt ist.

Die meisten Männer leben gewaltfrei. Ich möchte jedoch hier definitiv betonen, dass die meisten Männer (zumindest hier in Mitteleuropa – über die häusliche Gewalt in anderen Ländern habe ich derzeit keine Daten) **nicht** gewalttätig sind.

Friedlichkeit und Fürsorglichkeit. Demgegenüber möchte ich auch nicht behaupten, dass Frauen von Natur aus „das friedliche Geschlecht" sind – obwohl das die aktuellen Kriminalstatistiken eindeutig beweisen würden. Meine Theorie zu diesem Thema ist vielmehr: Jenes Geschlecht, dass vorwiegend für die Pflege und Erziehung der Kinder zuständig ist, entwickelt im Laufe dieser

Tätigkeit eine Fürsorglichkeit, die dem Thema Gewalt diametral gegenübersteht:

Ein Mensch – und hier unterscheide ich eben nicht zwischen Müttern oder Vätern – der die Mühsal der Kinderbetreuung jahrelang kennengelernt hat muss es absurd finden, ein Menschenleben in Kämpfen und Kriegen zu gefährden oder auszulöschen.

Aktive Vaterschaft. Ich selbst hatte die Chance, noch als Student ein sehr aktiver Vater zu sein – und seit damals habe ich wohl eine erhöhte Sensibilität gegenüber allen Arten von Gewalt entwickelt: Ich drehe oft den Fernseher ab, wenn etwas zu blutig wird – und werde sicherlich von manchen in meiner Umgebung argwöhnisch deswegen beäugt.

„Strukturelle Gewalt" ist ein Begriff, den der Friedensforscher Johan Galtung geprägt hat: Er bezeichnet damit Machtstrukturen in Gesellschaften und Organisationen, die bestimmte Personengruppen in ihren Handlungsmöglichkeiten einschränken (also keine körperliche, sondern eine strukturelle Gewalt auf sie ausüben). Vermutlich gedeihen solche Machtstrukturen speziell in patriarchalen Gesellschaften und Organisationen, wie z.B. auch Gerhard Schwarz (2000) und Klaus Theweleit (1995) bestätigen – daher dürften gleichberechtigtere Gesellschaften weniger anfällig für diese Gewaltstrukturen sein.

>> Weniger patriarchale Gesellschaften entwickeln weniger strukturelle Gewaltstrukturen. Und jene Länder, in denen Männer durch eine fortschrittliche Gender-Politik die Möglichkeit erhalten, mehr Zeit mit ihren Kindern zu verbringen, entwickeln eine fürsorgliche, friedliche Männlichkeit.

Auch das Fördern von Männern in Sozialberufen (die bisher meist von Frauen überlaufen waren), also in „fürsorglichen" Berufen fällt in diesen Themenbereich

Gleichberechtigung und Vielfalt

Diversity Management ist ein Begriff, der erst im letzten Jahrzehnt an breiter Popularität gewonnen hat. Er beschreibt alle Methoden und Strategien, mit unterschiedlichen Menschen umzugehen: in Unternehmen, in Organisationen, aber auch in Städten und anderen Gemeinschaften.

Migration. Aktuell geworden ist er vor allem durch die steigende Migration und der Tatsache, dass immer mehr Firmen die Zusammenarbeit zwischen Menschen unterschiedlicher Kultur, Sprache und Hautfarbe ermöglichen und verbessern müssen. Meiner Erinnerung nach waren die ersten Betriebe in Österreich, die sich mit Diversity Management befassten jene Spitäler, die das meiste Krankenpflegepersonal mit Migrationshintergrund hatten. Man beschloss zuerst dort, eigene Strategien zur Verbesserung der Zusammenarbeit des inländischen und ausländischen Personals zu entwickeln und zu implementieren.

Andere Unterschiede. Aber auch Unterschiede im Alter, im Geschlecht oder etwa in der sexuellen Orientierung hatten in der Vergangenheit zu Konflikten geführt – und wurden von den Sozialwissenschaften und der Managementberatung aufgegriffen. Einen Überblick über die Vorteile von Diversity Management zeigt eine Grafik der Consultingfirma „DIVERSITY WORKS":

Gesteigerte MitarbeiterInnen-zufriedenheit — Kreativität und Innovation — Erfolgreiches Personalmarketing — Erfüllung gesetzlicher Auflagen — **Return on Investment Diversity Management** — KundInnen-zufriedenheit — Neue Märkte - Konkurrenzfähigkeit — Imagesteigerung — Kosten-senkungen — Verringerte Fluktuation

(Quelle: www.diversityworks.at)

Vielfalt als Ressource. Das wichtigste Ergebnis der Forschung und Entwicklung im Bereich Diversity ist: Unterschiede sind nicht nur ein potentielles Konfliktfeld, sondern auch eine wichtige Ressource. Mitarbeiter/innen mit unterschiedlichen Sprachen können z.B. neue KundInnengruppen erschließen:

Sprachkenntnisse im Handel. So begannen vor einigen Jahren einige Möbelgeschäfte in jenen Wiener Bezirken, in denen viele Menschen aus Ex-Jugoslawien und der Türkei wohnen, Personen für den Verkauf einzustellen, die serbisch, kroatisch und türkisch sprechen – und es hat sich gerechnet: Diese Möbelläden erzielen jetzt mit der Kundengruppe der ansässigen MigrantInnen, die noch nicht so gut Deutsch sprechen, höhere Umsätze.

„Die Individualität und Vielfalt der Mitarbeiter können den Erfolg eines Unternehmens beflügeln. Unser Ziel ist es, alle ökonomischen, kreativen und Innovationspotenziale auszuschöpfen, aber auch alle Vorteile zu nutzen, die ein intelligentes Diversity Management bei der Integration und Motivation der Mitarbeiter bietet." (Kasper Rorsted, HENKEL)

Im öffentlichen Dienst, hilft Diversity Management mittlerweile, die Kontakte zu Zuzüglern zu erleichtern, indem MitarbeiterInnen mit Sprachkenntnissen eingestellt wurden. Besonders wichtig ist das z.B. in Schulen und natürlich in Spitälern: hier geht es meist dringend darum zu verstehen, welche körperlichen Beschwerden eine Person nichtdeutscher Muttersprache beschreibt.

Dass auch Gender-Diversität – also die unterschiedlichen Zugänge von Frauen und Männern zu verschiedenen Themen – eine Ressource für Betriebe sein können, habe ich bereits im Kapitel „Warum Gender Balance den Umsatz steigert" beschrieben. Wichtig ist also hier nur, dass der Grundsatz „Unterschiedlichkeit ist ein Gewinn" sich auch in anderen Bereichen zunehmend durchsetzt – und damit den Weg ebnet für eine verstärkte Gleichberechtigung.

>> Seit die Unterschiedlichkeit der Menschen nicht mehr als Problemfeld, sondern auch als „Ressource der Vielfalt" gesehen wird, werden auch Strategien zur Förderung der Gleichberechtigung von Frauen und Männern zunehmend als Weg der Bereicherung von bisher einseitig männlich dominierten Arbeitsfeldern gesehen.

Schlüsselfaktoren moderner Gesellschaften

Ich habe am Anfang des Buches die Frage in den Raum gestellt, ob Gleichberechtigung die Ursache bzw. Voraussetzung oder die Folge von Wohlstand und Frieden ist – und ich möchte Ihnen jetzt mein Erklärungsmodell dazu darlegen:

Die Antwort ist: weder noch: Weder führt Gleichberechtigung automatisch zu Wohlstand und einer friedvollen und sicheren Gesellschaft, noch führt Wohlstand automatisch zu Gleichberechtigung.

Sechs Schlüsselfaktoren. Vielmehr sind beide Merkmale von Gesellschaften das Resultat von sechs Schlüsselfaktoren, die moderne Gesellschaften auszeichnen: Demokratie, Partizipation, Transparenz, Solidarität, Friedfertigkeit und Vielfalt/Toleranz.

Demokratie
Partizipation   Transparenz
Solidarität   Friedfertigkeit
Vielfalt / Toleranz

Mir ist schon bewusst, dass sich diese Faktoren überschneiden – dass sie sich also nicht klar voneinander abgrenzen lassen, dennoch beinhalten sie das „Rezept" für eine moderne Gesellschaft, in der nicht nur materieller Wohlstand, sondern auch Zufriedenheit in der Bevölkerung herrschen sollen.

DEMOKRATIE

Demokratie heißt, Menschen mitwirken zu lassen an Entscheidungen, die die Bevölkerung betreffen. Umgelegt auf die Gleichberechtigung von Frauen und Männern heißt das: konsequente Demokratie wird immer auch überprüfen, ob sowohl Frauen als auch Männer gleichermaßen an gesellschaftlichen Entscheidungen und Entwicklungen teilhaben können.

Geschlechterdemokratie. Im deutschen Spracheraum hat sich in der Diskussion um die Chancengleichheit auch der Begriff „Geschlechterdemokratie" etabliert, den ich für sehr sinnvoll halte, weil er diesen Zusammenhang deutlich macht: Wer wirklich ein Demokrat ist, der wird nicht zulassen, dass Frauen oder Männer von bestimmten Entscheidungsprozessen ausgeschlossen sind, obwohl sie von diesen Entscheidungen mitbetroffen sein werden.

>> Eine geringe Gleichberechtigung ist ein Indiz für mangelhafte Demokratiestrukturen

PARTIZIPATION

Unter Partizipation verstehe ich, dass moderne Gesellschaften versuchen, alle Bevölkerungsgruppen am gesellschaftlichen Leben teilhaben zu lassen, auch Menschen, die durch ihr Schicksal erschwerte Lebensbedingungen vorfinden.

Anders formuliert: moderne Gesellschaften lassen es nicht zu, dass bestimmte Bevölkerungsgruppen an einen „gesellschaftlichen Rand" oder in eine Isolation abdriften, wo Krankheit, Kriminalität, Sucht und Extremismus gedeihen können.

Ausgleich auf dem Arbeitsmarkt. Konkret passiert das zum Beispiel auf dem Arbeitsmarkt: hier werden Problemgruppen, die schwerer einen Job finden, speziell gefördert: ältere Personen, Personen mit Behinderung, Jugendliche, die keine Lehrstelle finden erhalten in den meisten europäischen Ländern spezielle Fördermaßnahmen. Das gleiche geschieht im Bildungswesen: Kinder und Jugendliche, die nicht so gut mitkommen, erhalten Förderunterricht. Migrantinnen und Migranten als Starthilfe oft günstigere oder kostenlose Kurse, um die Landessprache möglichst rasch zu erlernen.

Sozialsysteme. Ebenso begründet in einem Solidaridätsgedanken – und viele von uns vergessen das vermutlich immer wieder – sind Kranken- und Arbeitslosenversicherung und die Sozialleistungen für bedürftige Menschen (Sozialhilfe, Beihilfen): Jene, die gerade ein Einkommen haben, tragen durch ihre Abgaben dazu bei, dass auch jene, die in einer Notlage sind, über ein ausreichendes Einkommen und einer Krankenversicherung verfügen. Denn auch denen, die jetzt verdienen, kann ein Schicksalsschlag widerfahren – auch sie könnten auf diese Leistungen eines Sozialstaates angewiesen sein.

Wer zu dieser Partizipation steht, muss auch allen Fördermaßnahmen zustimmen, der die gleichberechtigte Teilhabe von Frauen am Arbeits- und Bildungsmarkt ermöglichen soll. Hier ist das Lamento von so manchem männlichen Jobsuchenen fehl am Platz, der tatsächlich die Erfahrung machen kann „Hier wurde aufgrund der Gender Strategie eine weibliche Bewerberin genommen". Auch wenn das im Einzelfall schmerzlich sein kann, muss von genau diesem Mann auch „das große Ganze" gesehen werden: „Das ist schon ok., schließlich leben wir ja in einer solidarischen Gesellschaft".

Männerförderung. Bisher recht exotisch in der Gender Politik im Bildungswesen ist die Männerförderung – aber es gibt sie: In Berufen, in denen bisher vor allem Frauen tätig sind (Sozial- und

Pflegeberufe) werden mittlerweile oft bevorzugt Männer aufgenommen, um eine Genderbalance zu erreichen (die auch dem jeweiligen Klientel entsprechen soll: denn es gibt nun mal männliche und weibliche Patienten, Schüler/innen, Klient/innen ...).

Väterförderung. Und was viele Männer erst dann erkennen, wenn sie selbst Vater werden: Auch die Partizipation von Männern in der Kinderbetreuung wird zunehmend gefördert, weil man festgestellt hat, dass strukturelle Probleme (wie mangelnde Ausgleichszahlungen in einer Väterkarenz) junge Väter davon abhalten, in Karenz zu gehen. Hier ist sicher noch einiges zu tun – aber es ist eindeutig ein Bereich, in dem Männer in Zukunft profitieren werden – denn in Paketen zur Familienförderung bzw. zur Förderung der Vereinbarkeit von Beruf und Familie sind oft auch flexiblere Arbeitszeiten enthalten – und welcher Mann wünscht sich das nicht?

> >> Eine geringe Gleichberechtigung ist ein Indiz für mangelhafte Partizipationsmöglichkeiten

TRANSPARENZ

Unter Transparenz verstehe ich, dass vor Bürgerinnen und Bürgern „nichts versteckt wird", und dass Entscheidungsfindungen und finanzielle Gebarungen jederzeit erklärbar und nachvollziehbar sind.

Transparenz gewinnt auch in der Wirtschaft immer mehr an Bedeutung: Konsumentinnen und Konsumenten fragen oft sehr genau nach, welche Stoffe in einem Produkt (speziell in Lebensmitteln) enthalten sind – und reagieren verärgert, wenn sie erkennen, dass sie belogen werden.

In der österreichischen Politik (und ich vermute es ist in anderen Ländern ähnlich) gibt es eine gewisse Abneigung, über die Gehälter von Politikern und Politikerinnen zu sprechen. Der Grund für die mangelnde Transparenz in diesem Bereich ist meiner Meinung nach in einer begründeten Scham zu finden: Vermutlich schämen sich tatsächlich viele in dieser Personengruppe über Doppel- und Dreifachbezüge, die den Verdacht aufkommen lassen könnten, politische Ämter werden auch ausgeübt, weil man sich die erlangte Machtposition auch durch so manches andere Zusatzamt versüßen kann.

Personalmanagement. Einen besonderen „Tranzparenzbedarf" gibt es im Personalwesen: Hier geht es darum, die fähigste neue Mitarbeiterin / den fähigsten neuen Mitarbeiter aus einer Fülle von Bewerbungen auszuwählen. Um zu vermeiden, dass persönliche Eigenschaften wie Geschlecht, ethnische Herkunft oder Alter solche Entscheidungen beeinflussen, gibt es bereits Länder, in denen viele dieser Eigenschaften im Lebenslauf (CV) nicht mehr angegeben werden: Auf solchen Lebensläufen wird z.B. der Vorname durch ein Initial abgekürzt, ein Bild weggelassen, ebenso das Geburtsdatum.

Was mit solchen Bewerbungsvorgaben bewiesen ist: tatsächlich kann die Angabe des Geschlechts in einer Bewerbung die Auswahl beeinflussen. So manche Maßnahme betrieblicher Frauenförderung muss dann auch Männern in einem anderen Licht erscheinen.

Controlling. All das, was in den Gender Statistiken (es gibt viel mehr, als ich in diesem Buch bisher aufgezählt habe) darauf hinweist, dass Frauen in bestimmten Bereichen nicht so gut teilhaben können, weniger verdienen, schlechtere Chancen haben, bedarf einer transparenten Erklärung. In den meisten modernen Betrieben werden ja Prozesse, die optimiert werden müssen, durch Controlling überprüft – ein Transparenzinstrument, dass auch für den Gender-Bereich Sinn ergibt – und auch angewandt wird: denn auch eine Gender Balance Quote (bisher meist Frauenquote genannt) ist ein Controllingziel.

Wer hingegen Benachteiligungen aufgrund des Geschlechts lieber auf sich beruhen lässt ohne transparente Erklärungen dafür zu liefern (auch dafür, warum nichts dagegen unternommen wird) hat auf dem Gebiet der modernen Staatsführung (in der Politik) oder Betriebsführung (in der Wirtschaft) noch etwas dazuzulernen.

>> Eine geringe Gleichberechtigung ist ein Indiz für mangelhafte Transparenz

Bestätigt wird dieser Satz übrigens durch den Korruptionsindex (Corruption Perceptions Index) der jährlich auf www.transparency.org veröffentlicht wird: Denn auch in dieser Statistik (hier: 2010) scheinen die „Top Gender Balanced" Länder als die am wenigsten von Korruption Betroffenen auf:

DÄNEMARK	1
NEUSEELAND	2
Singapur	3
FINNLAND	4
SCHWEDEN	5
KANADA	6
NIEDERLANDE	7
Australien	8
SCHWEIZ	9
NORWEGEN	10

SOLIDARITÄT

Über Solidarität habe ich eigentlich bereits viel im Abschnitt über Partizipation geschrieben: Jeder „Sozialstaat" gründet auf der Philosophie, dass die Stärkeren die Schwächeren mittragen. „Die Stärkeren" tun das nicht uneigennützig: Länder, in denen es gute Sozialsysteme gibt, sind sicherer: es gibt weniger Kriminalität und weniger politischen Extremismus. Und auch die Wirtschaft profitiert davon, dass auch Menschen ohne eigenes Erwerbseinkommen noch Güter einkaufen können.

Hilfsbereitschaft. Eine höhere, „perfektionierte" Form der Solidarität stellt meiner Ansicht nach die Hilfsbereitschaft dar: hier geht es nicht mehr nur darum, Steuern für einen Sozialstaat zu zahlen, der mich selbst in einer Notlage auffangen könnte – denn das ist ja vorerst noch ein „Tausch-Gedanke". Hilfsbereite Menschen geben, ohne eine Gegenleistung zu erwarten: aus einer humanistischen Lebensphilosophie heraus – etwa durch Spenden an eine gemeinnützige Organisation, oder durch ehrenamtliche Mitarbeit bei einem Verein.

All jene Männer, die es für sich beanspruchen Werte wie Hilfsbereitschaft und Solidarität zu vertreten müssen überprüfen, ob diese Solidarität und Hilfsbereitschaft auch gegenüber der weiblichen Bevölkerungshälfte gilt. Der Autor Peter Redvoort hat in seinem Buch „Die Söhne Egalias" (eigentlich ein Lyrikband) die Theorie aufgestellt, dass private Krisen, die Männer mit Frauen hatten oder haben, sie von dieser Hilfsbereitschaft abhält, die in anderen Gesellschaftsbereichen (z.B. Armut, Behinderung) für sie selbstverständlich sind.

>> Mangelnde Gleichberechtigung ist ein Indiz für ein unterentwickeltes Solidaritätsgefühl in einer Gesellschaft

FRIEDFERTIGKEIT

Ein wirklich modernes Land löst seine Konflikte auf friedliche Art und Weise. Im Großen wird das durch Strukturen wie Gerichte und ein Justizsystem, in dem man Streitigkeiten schlimmstenfalls mit einer gerichtlichen Verhandlung beilegt ermöglicht.

Im Kleinen ist das z.B. eine Gesprächskultur, die mehr auf Vermittlung als auf Konfrontation abzielt: sie wird bereits in Schulen gelehrt und fußt in den meisten europäischen Ländern auf einer jahrzehntelangen Kultur, die wiederum auf eine sehr negative Kriegserfahrung zurückgeht.

In diesem Zusammenhang ist historisches Wissen besonders relevant: Wer lernt, welche Auswirkungen Kriege hatten, wie stark Zerstörung ganze Länder zurückgeworfen haben und wie tiefgreifend Hassgefühle nach einem Krieg die Völkerverständigung blockieren, der begreift wie wichtig eine Kultur des Friedens ist.

Die reichsten Länder der Welt blicken oft historisch gesehen auf eine längere friedliche Phase zurück, in denen der Wohlstand eben *nicht* zerstört wurde – und sie entwickelten aus dieser Erfahrung heraus ein friedliches Männlichkeitsideal (wie ich im Kapitel zu dem Thema gezeigt habe), das auch mit einer fürsorglichen Väterlichkeit zu tun hat.

Ebenso gilt als erwiesen, dass weniger patriarchale politische Systeme weniger anfällig für strukturelle Gewalt sind, weil sie mehr auf Kooperation als auf Kontrolle setzen.

> > Mangelnde Gleichberechtigung ist ein Indiz für strukturelle Gewalt und ein Nährboden für kriegerische Männlichkeitsideale

VIELFALT / TOLERANZ

Wie ich im Kapitel über Diversity gezeigt habe, sehen moderne Länder die Unterschiedlichkeit der Menschen nicht als Gefahr, sondern als Potential für Wirtschaft und Gesellschaft. Insoferne ist die Toleranz, die in diesen Staaten herrscht, nicht nur ein „Ertragen" der Unterschiedlichkeit, sondern das Erkennen von neuen Chancen, die aus dieser Unterschiedlichkeit erwachsen:

Durch neue Betrachtungsweisen, die zum Beispiel aus verschiedenen kulturellen Blickwinkeln entstehen, können neue Lösungen gefunden werden. Und MitarbeiterInnen mit unterschiedlichem sozialen Background können Produkte und

Dienstleistungen besser an genau diese unterschiedlichen Zielgruppen verkaufen: An Personen mit verschiedenen Sprachen (vielleicht sogar weltweit), an Personen unterschiedlichen Alters und Geschlechts – und vermutlich kann man manche Produkte sogar bei Personen unterschiedlicher sexueller Orientierung besser vermarkten, wenn man diese Zielgruppe durch eigene MitarbeiterInnen besser kennt.

Diese Sichtweise fördert auch einen neuen Blick auf die Gleichberechtigung von Frauen und Männern: Wo sie früher von einigen Männern als „lästiges Problem" gesehen wurde setzt sich zunehmend die Erkenntnis durch, dass Frauen auch für den Erfolg von Unternehmen und Organisationen wichtig sind:

Durch neue Blickwinkel und eine andere Arbeitsweise verbessern sie Produkte und Dienstleistungen – und gewinnen damit mehr Frauen als Kundinnen.

>> Geringe Gleichberechtigung ist ein Indiz für mangelnde Toleranz und das Fehlen von Diversitystrategien, die das Potential unterschiedlicher Sichtweisen ausschöpfen könnten

ZUSAMMENFASSUNG

Wer heutzutage in einer politischen, wirtschaftlichen oder gesellschaftlichen Machtposition ist, in der er oder sie einen Modernisierungsprozess ins Laufen bringen muss, tut gut daran, sich zu fragen: „Wie steht es bei uns mit Partizipation, Transparenz, Solidarität, Friedfertigkeit, Diversity (und, im politischen Umfeld: mit Demokratie)?"

Eine Antwort auf diese Frage wird mit Sicherheit in einer Analyse der Gender Balance im jeweiligen Wirkungskreis zu finden sein.

Nachwort

Ich möchte dieses Buch mit einem wunderbaren Text von Peter Redvoort beschließen, der sehr vieles von dem, was ich in diesem Buch wissenschaftlich erhörtert habe, in lyrischer Form ausdrückt:

„Ich bin in die reichsten Länder der Welt gereist - in den Norden Europas - und habe festgestellt, dass dies gleichzeitig jene Länder sind die ihren Demokatiebegriff auch konsequent auf Frauen und Männer anwenden.

Wenn in einem dieser Länder also die Hälfte der Bevölkerung weiblich ist, so geben die Frauen nicht nur fünfzig Prozent der Stimmen bei Wahlen ab, sondern sollen auch die Hälfte aller anderen Ressourcen bekommen:

In der Bildung, im Eigentum, in der beruflichen Karriere, im Gesundheitswesen, im Wohnraum, im Gemeinschaftsleben und der Familie.

Denn was sonst ist ökonomisch sinnvoll, als die Fähigkeiten jedes einzelnen Menschen - egal ob Mann oder Frau - zur Entfaltung zu bringen, anstatt sie brachliegen zu lassen.

Nur so kann Wohlstand auf einer breiten Basis entstehen - auch, weil Familien durch zwei gleichwertige Einkommen besser finanziell abgesichert sind als nur durch eines (oder durch ein geringeres Einkommen von Frauen).

Auch die Gespräche zwischen Männern und Frauen werden abwechslungsreicher wenn jene Frauen nun auch von ihrer Erwerbsarbeit erzählen, die sich bisher nur der Hausarbeit widmen konnten.

Und der Frieden, den wir uns alle wünschen, tritt automatisch ein, wenn Männer in gleichem Maße wie Frauen kleine Kinder betreuen:

Denn in der Anstrengung, ein Kind aufzuziehen und zu begleiten erkennen sie, dass dieses menschliche Leben zu kostbar ist, um es in Kriegen zu gefährden und zu töten. So erlernen diese Männer Fürsorglichkeit und die Fähigkeit, Konflikte behutsam zu lösen, und sie ziehen Jungen und Mädchen heran, die nicht ihr Leben lang die Sehnsucht nach dem Vater mit sich herumtragen - und diese oft destruktiv zu kompensieren versuchen.

Indem sie solch aktive Väter sind, erkennen sie auch den Zustand der Umwelt und Natur, in die ihre eigenen Kinder hineinwachsen - und legen größeres Augenmerk auf deren Schutz, weil sie die Lebensqualität ihrer Nachkommen sichern wollen.

Auch ich möchte in so einem wohlhabenden, friedlichen und ökologischen Land leben.

Auch ich bin ich ein Geschlechterdemokrat."

(Quelle: http://genderdemocracy.blogspot.com)

„In Frauen zu investieren ist nicht nur richtig, sondern auch klug. Ich bin der tiefen Überzeugung, dass die Welt in den Frauen das wichtigste und doch bisher ungenützte Potential für Entwicklung und Frieden zur Verfügung hat."

(UN Generalsekretär Ban Ki Moon)

"..investing in women is not only the right thing to do. It is the smart thing to do. I am deeply convinced that, in women, the world has at its disposal, the most significant and yet largely untapped potential for development and peace."

Ban Ki Moon, UN Secretary General, 8 March 2008 at the International Humanist and Ethical Union (www.iheu.org).

Literatur

CSIKSZENTMIHALYI, Mihaly: "Flow" (in mehreren Verlagen mit unterschiedlichen Schwerpunkten erschienen).

DIVERSITYWORKS / PROVE GmBH: Diversity Kompendium: http://www.diversityworks.at/diversity_kompendium.pdf

FELBER, Christian: „Die Gemeinwohl-Ökonomie. Das Wirtschaftsmodell der Zukunft." Deuticke, 2010

GALTUNG, Johan: „Strukturelle Gewalt. Beiträge zur Friedens- und Konfliktforschung.", Reinbek, 1988

HÖRMANN, Franz / PREGETTER, Otmar: „Das Ende des Geldes. Wegweiser in eine ökosoziale Gesellschaft". Galila, 2011

INGLEHART, Ronald / NORRIS, Pippa: „Rising Tide. Gender Equality and Cultural Change around the world". Cambridge University Press, 2003

LAYARD, Richard: "Die glückliche Gesellschaft. Was wir aus der Glücksforschung lernen können". Campus Verlag, 2009

McKINSEY: „Women matter. Gender Diversity, a corporate performance driver", 2007: http://www.mckinsey.com/locations/paris/home/womenmatter/pdfs/Women_matter_oct2007_english.pdf

PICKETT, Kate / WILKINSON, Richard: "Gleichheit ist Glück. Warum gerechte Gesellschaften für alle besser sind." Tolkemitt, 2009.

SCHWARZ, Gerhard: „Die heilige Ordnung der Männer. Patriarchalische Hierarchie und Gruppendynamik." Verlag für Sozialwissenschaften, 2000

THEWELEIT, Klaus: „Männerphantasien II. Männerkörper – zur Psychoanalyse des weißen Terrors." DTV, 1995

WITTENBERG COX, Avivah:
> (with Alison Maitland) "Why women mean business. Understanding the emergence of our next Economic Revolution". Wiley, 2009

> "How women mean business. A step by step guide to profiting from gender balanced business". Wiley, 2010

ZITAT

Kasper RORSTED (Henkel) wurde zitiert nach:
http://www.handelsblatt.com/unternehmen/management/strategie/die-vielfalt-kann-den-erfolg-befluegeln/2753590.html (Zugriff am 23.3.2011)

Weitere KEYWORDS für diese Publikation:

Feministische Ökonomie, Frauenförderung,
Frieden, Friedensbewegung, Peace Movement
Gender Diversity, Gender Politics, Gender Equality
Gender Mainstreaming, Gender Consulting, Genderberatung
Gender Studies / Genderforschung / Geschlechterforschung
Gender Training Manual, Gender Ökonomie, Gender Economy
Gender Training mit Männern
Männer und Gleichberechtigung
Männlichkeiten – Masculinities – Männerforschung
Männerberatung, Männertraining, Männer-Consulting
Managing E-Quality / Managing Equality
Recruiting, EURES, EURES Berater, EURES Adviser, EURES
Advisor, European Employment Services
Unternehmensberatung
Väterförderung, aktive Vaterschaft
Väterkarenz

Klappentext

Die reichsten Länder der Welt sind auch jene mit der der am weitest fortgeschrittenen Gleichberechtigung zwischen Frauen und Männern.

Ausgehend von dieser Beobachtung vergleicht der Soziologe Peter Jedlicka internationale Statistiken zu Wirtschaftswachstum, Frieden und Lebensqualität um daraus Schlüsselfaktoren moderner Staaten herauszufiltern und zu dem Ergebnis zu kommen:

„Gleichberechtigung ist kein Frauenthema – es ist die Schlüsselkategorie für jede Politik, die sich dem Wohlstand und dem Wohlbefinden der Menschen verpflichtet fühlt und damit ein Gradmesser für die Modernität eines Landes."